# 小小少年
# 探索潮间带
# TIDAL ZONE

〔英〕约翰・伍德沃德（John Woodward） 著
谷利 译　　孙栋 总审阅

海洋出版社
2017年・北京

**图书在版编目（CIP）数据**

小小少年．探索潮间带 /（英）约翰·伍德沃德 (John Woodward) 著；谷利译．-- 北京：海洋出版社，2016.12
（探索海洋之极限任务）
书名原文：TIDAL ZONE
ISBN 978-7-5027-9719-5

Ⅰ．①小… Ⅱ．①约… ②谷… Ⅲ．①海洋－少儿读物 Ⅳ．① P7-49

中国版本图书馆 CIP 数据核字 (2017) 第 061346 号

图字：01-2016-8211


策　　划：高显刚
责任编辑：杨海萍
责任印制：赵麟苏

**海洋出版社 出版发行**
http://www.oceanpress.com.cn
北京市海淀区大慧寺路 8 号　邮编：100081
北京文昌阁彩色印刷有限责任公司印刷　新华书店发行所经销
2017 年 5 月第 1 版　2017 年 5 月北京第 1 次印刷
开本：889mm × 1194mm　1/16　印张：3
字数：50 千字　定价：38.00 元
发行部：62132549　邮购部：68038093　总编室：62114335
**海洋版图书印、装错误可随时退换**

# 目录

# 潮间带

海洋有时候暴烈又凶险。成千上万的水手在试图穿越海洋的时候失去了生命。在海洋中央，巨大的海浪在深达数英里海域翻滚澎湃着，但那里不是海洋最狂暴的地方。最凶险的地方却在海陆交接处。

在这里，巨大的海浪撞击着陆地的岩石，海浪像爆炸物一样劈开岩石，湍急的海水形成一个又一个致命的漩涡。浅海区往往隐藏着嶙峋的礁石和危险的沙坝，这里到处散落着船舶的残骸，这些船只穿越了海洋，却沉没在距离陆地咫尺之遥的地方。

这个地带不仅对船只和水手来说充满危险，对海洋生物也是如此。

只有最顽强的生物才能抵御海浪的不断拍击。这里，海平面每天都会由于月球对海水的引力而上升和下降。海平面的这种升降

运动被称为潮汐。因为海岸有坡度，海水的这种上下运动就形成了潮水，来回流动。潮汐可以淹没大面积的海岸，几小时后再重新显露出海岸；使陆地变成了浅浅的海底，随后又变回陆地，这就是潮间带。

## 高潮与低潮

潮间带的起点为高潮时海岸被海水淹没的最高点，终点为低潮时退潮后露出的最低点。巨浪会将海水拍打到高潮线以上的地面，这个区域被称为飞溅区。

有时候，潮位涨得比平常要高，退潮时退得也比平常低。这样，海岸受到潮汐影响的面积就更大，这种潮就叫大潮（spring tides）。可它跟春季一点关系都没有。另一些时候，潮位上升和下降都比平常低，这种潮就是小潮。小潮的时候，潮间带最低的部分始终在水下，而最高的部分也始终是干的。

因此，潮间带有些地方比其他地方被海水淹没的时间要长得多。这就影响了可以在那里生存的生物种类，海岸的类型同样会影响在那里生存的物种。裸露的岩石海岸和平静的沙滩或泥滩海岸给生物造成不同类型的困难，所以不同的海岸上生存着不同的生物。

既然生存如此艰难，为什么动物和植物还要生存在潮间带？这是因为靠近海岸的水域里饵料丰富。只要足够顽强，在潮间带能生存下来的任何生物都能活得很好。

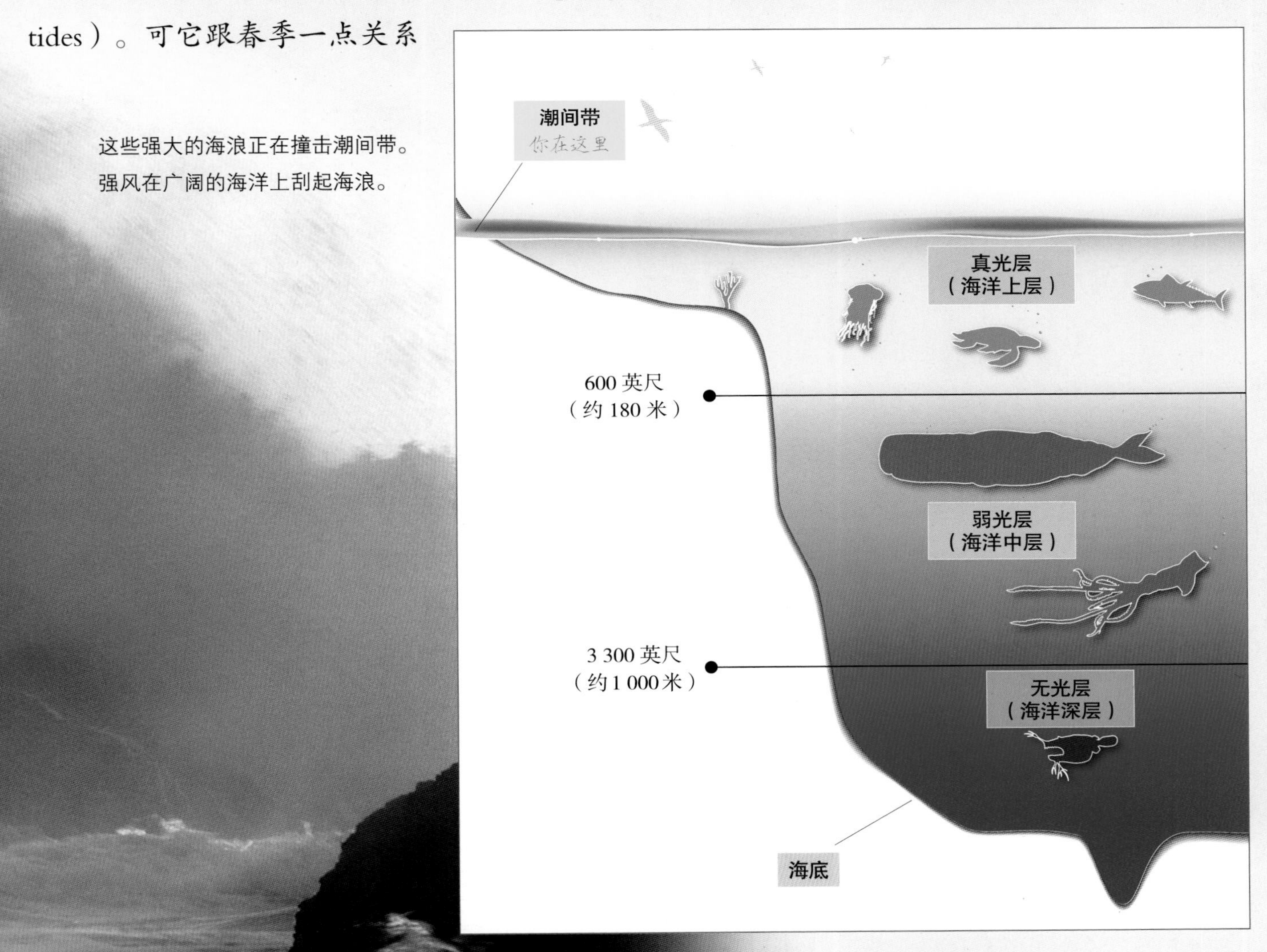


这些强大的海浪正在撞击潮间带。强风在广阔的海洋上刮起海浪。

# 你的任务

这片沙滩是潮间带的一部分。这些纹路是潮水较高时形成的沙纹。

## 潮间带的三个部分

潮间带分为三个部分：低潮区、中潮区、高潮区。低潮区只有在潮位非常低的时候才会显露出来，有时甚至整天都在水下。

中潮区每天都会被水淹没，然后又露出水面。高潮区只有在潮位很高的时候才会被淹没，有时甚至整天都在水上。

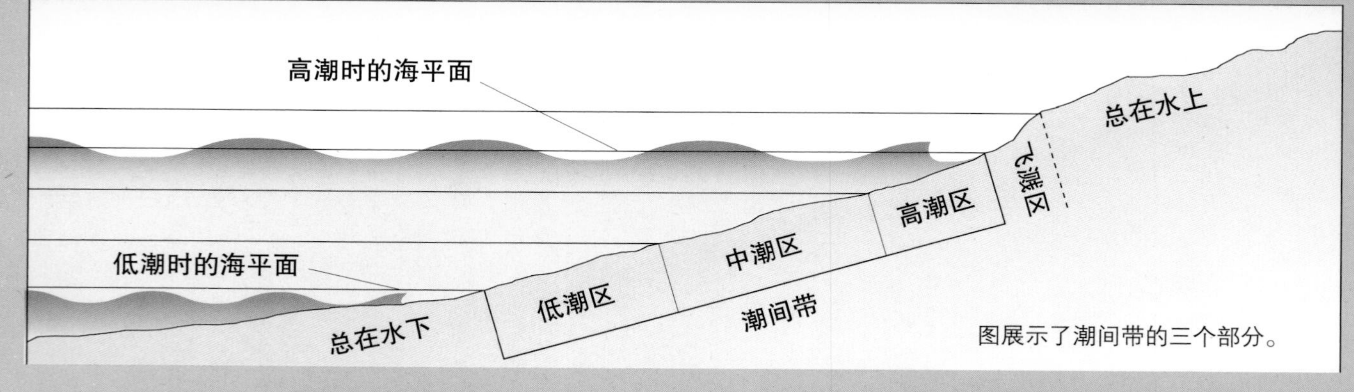


图展示了潮间带的三个部分。

你马上要了解潮间带和生活在那里的生物啦。你要访问的第一站是加拿大的芬迪湾（Bay of Fundy），那里有全世界最高的浪潮。接着你要去美国西海岸研究一下加利福尼亚的岩石海岸，然后去东部探索科德角（Cape Cod）的沙滩和盐沼。在那里，你会了解那些海滩和沼泽地如何养活数以百万计的海洋动物以及滨鸟。

然后，你沿着大西洋海岸到达加勒比海。在这里，海水更加温暖，海岸生物也迥然不同。在加勒比的一个海岛上，你与徜徉在海草场的海牛一起游玩。随后，你来到南美的苏里南海岸，你看到海龟上岸产卵的场景。

随后，你的旅程继续带你走进热带红树沼泽的奇异世界。在那里，你看到生活在缺少空气的水涝泥沼里的森林是如何生长并延伸进海洋。这趟探险之旅的终点站是阿根廷的瓦尔德斯半岛（Valdés Peninsula）。在那里，海豹甚至鲸鱼都懂得善加利用潮汐海岸，你可以尽情观赏它们。旅途愉快！

# 月球与潮汐

港口的落潮往往会令大多数船只搁浅。几个小时后，高潮再次使海水充满港口，船只又能畅行无阻了。

这是加拿大东部新斯科舍（Nova Scotia）海岸一个阳光明媚的夏日午后。你来到大西洋礁石嶙峋的海岸线上的一个小码头租一条船。5 个小时前抵达这里时，你看到有些船被系在码头上。你登上船寻找船长，却发现了一张纸条，纸条上说他吃完午餐后回来。于是你决定先去采购一些必需品。现在你回来了，船却不见了。

船是真的不见了吗？你走到码头一看，发现海港的水大部分都退走了，船还在那里，但却搁浅在了淤泥上，且被坞壁挡住了。现在你得下一段阶梯才能走近它。

下去的路上，你注意到外露的坞壁上覆满了海洋生物。靠近坞壁上部是成千上万只小小的灰色锥形贝壳，叫藤壶。稍稍往下看，有大一点的锥形贝壳，叫帽贝。再往下看，一丛丛海藻和一簇簇蓝黑色的贻贝随处可见。它们都随着退潮而露出了水面。

## 上升和下降

潮水为什么会上升和下降？这一切都跟月球有关。月球环绕地球一周需要 24 小时 50 分钟，刚好一天多一点。月球的引力把海洋拉成了微微的椭圆形，有点像橄榄球。对着月球的那块水域凸出来，其他地方水域就面向别处。随着月球绕着地球旋转，凸起的海洋水域也随着转起来。当凸起的水域移动到你所在的地方，潮水就会上升，当它移走的时候，潮水就会下降。

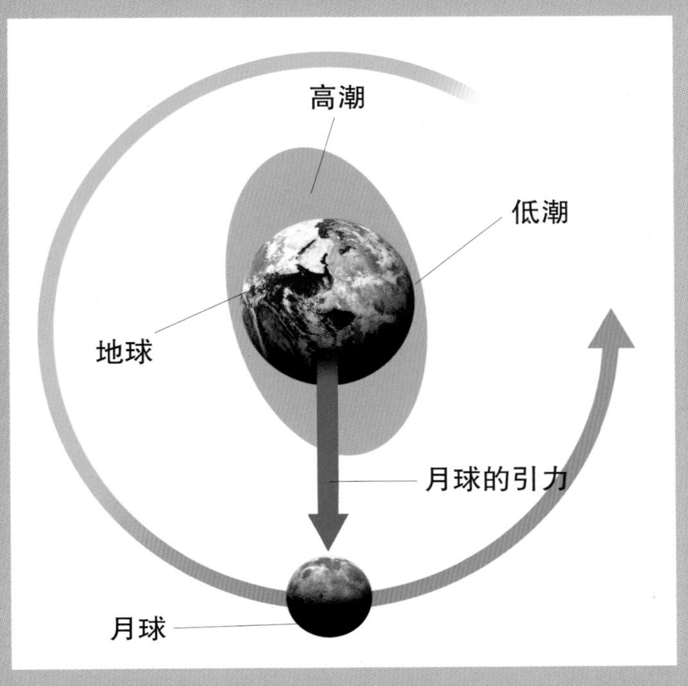


这张图说明了潮汐形成的原理。

### 为什么会有大潮

当月球位于地球和太阳的同一面（新月时）或反面时（满月时），月球和太阳的引力共同作用，就形成了巨大的浪潮。但是当月球位于地球的斜面时，它们的引力作用就会相互抵消，形成小得多的小潮。大潮（spring tides）跟春季一点关系都没有。

# 巨潮

你花了一些时间才找到船长，然后把自己的装备装上船。潮水又开始涨起来了。大多数地方每天月球引起两次涨潮。两次涨潮间隔大约 12 个小时。因为每次高潮之后都会有一次低潮，水位从低位升到高位大约需要 6 个小时。船搁浅在淤泥里是下午 3 点钟。那么高潮应该会在晚上 9 点左右来。

但你用不着等那么久。到下午 5 点，水就足够深了，足以使船浮起来。船长拔锚启航，行程很长——大概 200 英里（约 320 千米）。去的地方是位于新斯科舍（Nova Scotia）和新不伦瑞克（New Brunswick）省之间的芬迪湾。幸运的是，你的船是条快船，所以大约 10 个小时就可以到达目的地。但是船长在路上还要落锚停船，你很快就会知道这是为什么。

## 追波逐浪

芬迪湾拥有世界上最大的潮差。位于它东端的米纳斯湾（Minas Basin），6个小时水位就可以上升45英尺（约14米），足有五层楼那么高！大西洋的海水涌入缅因湾（Gulf of Maine），后被推挤进芬迪湾，从而形成了这些巨浪。

潮水离开海岸被称为落潮。当落潮涌出芬迪湾时，汹涌的潮汐流流速可以高达每小时9英里（约14千米）。听上去似乎没那么惊人，但是仅靠一条小船与它搏击，却是艰难无比。所以，大约晚上10:30你的船长抛锚停船。那时，你们的船正与落潮相背。你们俩都睡着了。早上3:30潮水涨起来的时候，船长再次开船上路。而你很幸运，可以接着睡觉。

当你醒来的时候，船正在飞速前进。这是由于潮水正推着它以更快的速度前进，比单靠发动机要快多了。两小时过后，你们通过了米纳斯峡谷（Minas Channel）的斯普利角（Cape Split），船长将船停进码头。早上9:45，你踏上了码头，恰好赶在高潮来临前。

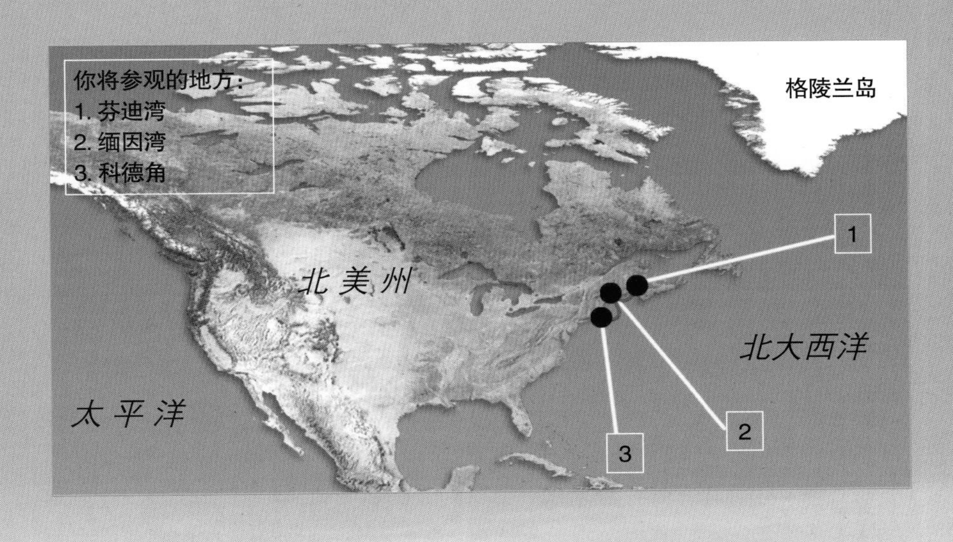

一个非常低的落潮使芬迪湾宽阔的海滩和岩洞露出水面。潮水高的时候，海滩和岩洞都隐藏于水下。

# 拔掉塞子

你到达后不久就开始退潮了，就像有谁拔掉了一个巨型浴缸的塞子。水慢慢退去，暴露出来的潮滩在夏日的阳光下闪闪发光。成千上万只滨鸟在泥沙中挑挑拣拣，寻觅着食物。用过早餐，你收拾好背包，循着鸟儿们的足迹走出去。

从海岸到下面的潮滩要经过一个缓坡。你走到海边时，海水还没有退去太远。浅滩的水异常温暖。你用温度计测量它的温度，又用盐度计测量它的盐度。海水的盐度比你

潮水很低时，你可以看到潮滩平缓上升和下降。潮滩最低的地方有浅浅的海水池。潮水再次上升时，整个地区就会再次被淹没。

预想的要高，这是因为温暖的海水比寒冷的海水蒸发更快（变成水蒸气）。水蒸发了，盐分却保留下来，这就使余下的海水盐分更高。

## 搁浅

潮水退得越来越快，你也跟着潮水越走越远。3 个小时后，等你再回头看时，船已经完全搁浅在很高的地方了。因为有斜坡，船刚好和你的头部在同一水平线上。很难相信你抵达港口时，水有这么深。现在这个地方变成了一个巨大的泥泞的海滩。蜿蜒的水道把海水从陆地上带走。测量这里的海水，你发现这里的海水更冷，盐度也没那么高。这片潮滩上的海水等不到被太阳晒暖，上升的潮水在它们变暖之前又淹没了它们。高潮时，这里的水也更深。深水不像浅水能那么快就变暖。

最后，你决定往回走。按照你的潮汐表，距离潮水停止外流还有两个小时。现在你离船已经很远了，而且你也想吃午餐了。

### 潮汐表

如果月球刚好 24 小时绕地球一周，那么每天高潮和低潮出现的时间就会完全一样。但是，因为月球环绕地球需要 24 小时 50 分钟，所以高潮和低潮出现的时间每天都在变化。你可以找到专门的潮汐表，不同海岸的潮汐表是不一样的。

**2003 年 11 月蒙特利湾潮汐表**

| | | 低潮 | | 高潮 | |
|---|---|---|---|---|---|
| | | 日出　上午 6:26 PDT | | 日落　下午 5:00 PDT | |
| 日期 | 星期 | 上午 – 潮高 | 下午 – 潮高 | 上午 – 潮高 | 下午 – 潮高 |
| 1 | 星期六 | 10:31 上午 3.1 | 11:23 下午 0.1 | 5:46 上午 4.3 | 3:57 下午 4.9 |
| 2 | 星期日 | 11:55 上午 2.7 | …… | 6:32 上午 4.6 | 5:19 下午 4.6 |
| 3 | 星期一 | 12:16 上午 0.2 | 12:57 下午 2.1 | 7:10 上午 4.8 | 6:30 下午 4.5 |
| 4 | 星期二 | 1:02 上午 0.5 | 1:48 下午 1.6 | 7:42 上午 0.5 | 7:31 下午 4.4 |
| 5 | 星期三 | 1:40 上午 0.9 | 2:31 下午 1.1 | 8:09 上午 5.2 | 8:25 下午 4.3 |

潮汐表会显示高潮和低潮的时间，还能显示潮位有多高和多低。

# 裂流

你的船长会仔细阅读潮汐表。如果不这样做，他就很可能在某个泥滩上搁浅几个小时。船只要是逆流而行，潮汐流可能就是个麻烦。有些地方，潮汐流像湍急的山区河流涌过狭窄的水道一样汹涌。这些危险的地方被称为“裂流”。绝大多数

船只会避开裂流，但也有人喜欢把搏击裂流当做运动，有点像激浪漂流。这里有一位船员带领人们去体验裂流。你也加入了他们。

需要一艘强大的船来对抗最强的潮汐，这艘充气船的底是用非常坚固的材料做成的。

## 激流勇进

船员们驾驶大马力充气快艇，跟急救人员用的一样。你得穿上个人漂浮装备，以防掉进湍急的海水。你绑好漂浮装备，爬进船里，动身出发。一开始，船行进在还算平静的海水里，接着你看到一个岬角，那是陆地突入海峡的一个角。你可以看到海水咆哮着流过岬角。低潮过去三个小时了，海水从大西洋向海湾里奔涌而来。船在岬角和一个小岛之间飞速前进。前方海水堆积成高高的涌浪，波峰卷起白色的浪花。

伴随着发动机轰鸣声，你们冲进了海峡，船突然停了下来，停在一道瀑布一样的涌浪上。海水在你们船下倾泻而下，接着冲上高空形成另一道浪。开船的人小心地加大马力。你身体前倾，倾向浪花四溅的波峰。开船的人在下一个浪上调转船身，于是你们又回到了来时的方向，冲下波谷，又冲上浪尖。左转舵，你们擦过一个漩涡的边缘，又攀上另一道停车浪。

最后，你们开到了平静的海面。你筋疲力尽且全身湿透，现在你知道海潮的力量有多么强大了。别忘记哦，只有跟有经验的成年人一起才能这样冒险。

这块突兀的岩石附近的水域非常危险。波涛汹涌的白色水域就是裂流发生的地方。

# 海洋的力量

好望角石林的岩石高高耸立在低潮线之上，有的岩石上还长了树木。曾经，这些岩石都是陆地的一部分。

在芬迪湾，你游览了新不伦瑞克（New Brunswick）海岸的好望角石林（Hopewell Rocks）。这些岩石被来回冲刷它们的潮汐流雕琢成了奇异的形态。海水夹裹着砂砾，砂砾不断打磨岩石。这种打磨，或者说侵蚀，形成更多的砂砾，造成更多的侵蚀。好望角石林的岩石能被水接触到的部位都会遭到侵蚀，现在每一块岩石都矗立在瘦削的石柱上。最终，这些岩石将坠入大海。

## 高压的力量

在好望角石林，大部分侵蚀是芬迪湾的巨大潮汐造成的，但风暴也贡献了一份力量。风暴的力量异常强大，几天之内就能把巨型沉船撕扯成碎片。海浪撞击坚硬岩石的破坏力也同样具有毁灭性。它能找到岩石上的任何裂缝，巨大的压力可以把岩石撕裂。

你游览好望角石林那天风很大。大风掀起了一些巨浪，所以你决定去看看吹蚀穴。这是海浪迫使海水冲进岩石上的孔洞。海浪的压力会把空气和海水从岩石顶部的孔隙挤压出去。

从吹蚀穴喷出的空气和海水，力量十分强大，可以上冲数英尺高。

你的向导是一位研究海岸侵蚀的科学家。在风平浪静的日子，她会把一个压力传感器放进吹蚀穴。传感器通过一条很长的电线连接到数字显示器上，这样你不用弄湿衣服就能读到压力值。每个巨浪会使洞穴里的压力飙升到每平方英寸 30 吨（每平方厘米 4.7 吨）的惊人数字，相当于把整个校车的重量压在指甲盖那么大的地方！

## 潮汐电站

在芬迪湾的安纳波利斯盆地（Annapolis Basin），潮汐的力量被转化为电能。每天涌进涌出的海水的巨大重力有一部分被导入涡轮机，而涡轮机则连接着发电机。它们可以发出 20 兆瓦的电，足以运行大约 40 000 台个人电脑。

# 风和浪

你的科学家朋友住在芬迪湾南边缅因湾的岩石海岸附近。她邀请你跟她一起去研究岩石海岸以及生活在那里的海洋生物。

缅因湾的潮汐没有芬迪湾的大，但是海浪却更大，因为海岸面朝广阔的大西洋。在这里，冲上海岸的一道波浪可能已经穿越了3 000英里（约4 800千米）的大洋。海浪的浪程越远，海浪就越大，所以缅因湾的海浪十分巨大。

## 大西洋风暴

你到达时，刚好有机会看到这些海浪的精彩表演。一场风暴正在向海岸席卷而来，怒涛拍打着海岸。你穿上防水衣，深入海湾一探究竟。

空气中充满浪花和海水的咆哮声。现在正好到了高潮。在海湾尽头，你能够感受到的最强海浪不停冲刷着悬崖。海岸边还覆盖着大小不一的鹅卵石。海浪卷起鹅卵石，将它们摔打到悬崖上，把悬崖的岩石一块块凿掉。你可以看到崖面上被海浪挖凿出来的孔洞。

波浪慢慢地向里削凿悬崖。岩石质地柔软的悬崖，海浪一年可以侵蚀掉3英尺（约1米）；坚硬的岩石则更难磨损或侵蚀，但是经过数千年的漫长岁月，它们也会被侵蚀掉。最终，岩穴会坍塌，巨大的岩块会掉入海里。

这一切都发生在海浪拍打的位置。海平面下的岩石常常完好无损。悬崖前会形成一个被海浪切割出来的平台。有些平台几乎是完全平坦的，但这个海湾的平台却全是倾斜的裂缝和罅隙。潮水褪去之后，岩脊之间的空隙注满了水。这些潮水池正是那些生活在岩石海岸上动物们苦苦寻觅的最佳栖息场所。

低潮时，成年橡子藤壶可以安全地待在坚硬的外壳里。藤壶在涨潮后被水淹没时觅食。

在潮间带，即使是坚硬的岩石也会受到强大的海浪侵蚀。

# 潮水池

天气预报说这里未来几天有风暴，天气恶劣。你决定去拜访一位加利福尼亚的朋友，那里天气晴朗。于是，你飞到旧金山和朋友直奔海滩。刚好，天气温暖、阳光明媚，又是中午退潮的时候，这是探索海滩的理想时机。用餐后来到海湾，你发现潮水退去慢慢显露出很大一片岩石海岸，岸边点缀着一个个潮水池，海岸高处的岩石几乎都是光秃秃的，所以从一块岩石跳到另一块上很容易。你一边在岩石上跳来跳去，一边探头观察潮水池，但是里面没什么可看的。你的科学家朋友建议你测测海水的温度和盐度。你发现，这些潮水池的水很凉，它的盐度和海水的盐度一样，没什么特别的。

## 凉爽舒适

你随着退潮走下海岸，岩石越来越难走，下面的岩石盖满了滑溜溜的绿色海藻，潮水池里还有海藻。靠近观察，你在海草里发现了长得像花朵的海葵，还有虾和小螃蟹。藤壶、帽贝和小小的海蜗牛攀附在岩石上。你不明白，为什么这些潮水池比上面那些潮水池有更多生物。

越往海岸低处走，你能看到越多的生物。靠近低潮线的岩石上覆满了厚厚的褐色海藻，还有大量贻贝。池水里有海星和寄居在

这个水池在海滩地势较低的地方，因为这里的水从来不会变得太热，所以水里充满了生命。

空海螺壳里的寄居蟹，甚至还有小鱼。海岸下面的潮水池比上面的潮水池有更多生物，为什么？

再次观察高处的潮水池时，你发现它们在阳光的照耀下变暖了，大量水分被蒸发，剩下的水盐度很高。对大多数海洋生物来说，这个环境太暖和、盐度也太高了，但较低处的潮水池不会长时间暴露在阳光直射下，直至潮水再次升起可以保持凉爽舒适。

两只粉红色的海星被困在了一团海藻上。如果潮水返回得太晚，它们就可能干死了。

## 蒙特利湾水族馆

你和朋友一起参观了加利福尼亚的蒙特利湾水族馆。在那里，你可以近距离观赏加利福尼亚的许多海洋生物。你意识到水族馆的教育目的是如何帮助我们了解海獭这样的濒危动物。海洋生物学家也可以研究水族馆的海洋生物。

# 闭壳保命

你在海滩上看到的很多动物和海藻，似乎都能够在没有水的情况下生存。这些动物大多是生命力顽强的贝类和蔓足类，例如藤壶、帽贝和贻贝，还有把自己的肉质触角收进柔软的身体里然后像果冻一样封起来的海葵。

所有这些动物都是从水里获取食物和生死攸关的氧气。如果它们被退去的潮水搁浅在高处，就不能正常觅食和呼吸。它们就把壳紧紧关起来，把水分封在体内来生存，然后等待潮水再度上涨。

相比其他生物，有些生物的生命力更顽强。例如，在没有水的情况下，藤壶生存的时间就比贻贝长。贻贝必须生活在靠近低潮

线的地方，这样潮水返回的时候就能迅速淹没它们。而藤壶则生活在离海岸更高的地方。

## 生命带

环顾四周海湾，你发现贻贝、藤壶和其他野生动物沿着海岸形成了不同颜色的生命带。这种生命带在陡峭的悬崖上最为显眼。你朋友有个好办法可以看得更清楚。你们要从悬崖顶部速降下去。

挂在一条绳索上，你沿着崖面降下去。靠近顶部的崖壁有一丛丛可以在盐雾中生长的花草。下面飞溅区里有一条黄色的苔藓带，接着是一条黑色的苔藓带。

### 速降

速降是指用一根绳子把自己从陡峭的悬崖上降下来。绳子固定在悬崖顶部，用安全带绑在你身上。你可以控制绳子穿过安全带的速度，甚至可以彻底停止绳索下降。没有成年人的帮助千万不要进行尝试。

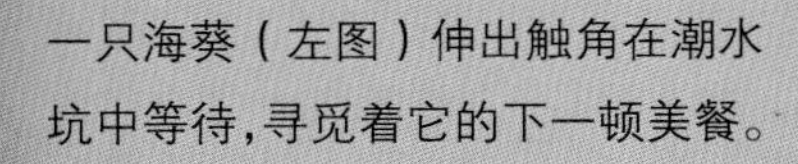

一只海葵（左图）伸出触角在潮水坑中等待，寻觅着它的下一顿美餐。

苔藓（下图）可以在飞溅区生存，因为它们可以忍受盐雾。

再往下面是覆盖着藤壶的浅棕色区。藤壶下面更湿的地方是密密麻麻的蓝黑色贻贝。岬角各处的悬崖上都分布着黄色、黑色、浅棕色和蓝黑色的各种生命带。你在西海岸度过了一次有趣的旅程，现在该回东海岸了。风暴已经过去，你朋友把你送到机场，你搭乘飞机来到波士顿。

# 沙滩上

探索缅因湾的岩石海岸和短暂访问加利福尼亚之后，你动身前往波士顿附近的科德角，你想看看被大海带走的岩石碎片究竟会怎样。虽然你已经知道，最后它们往往会落在沙滩上，但你可能还不知道，沙滩增长的速度和岩石海岸被侵蚀的速度一样快。

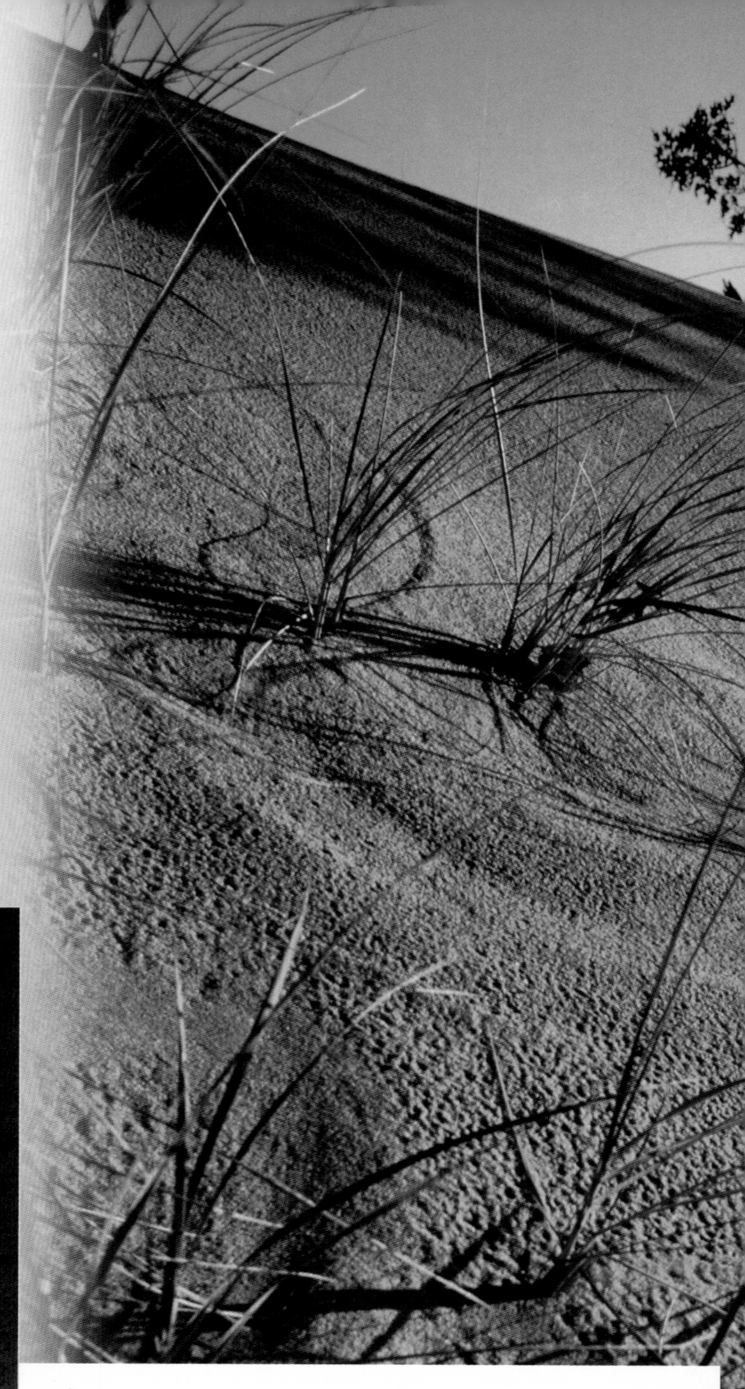

## 沿岸输沙

海浪在海岸某个转折的岸段击打时，会把砂砾和石头从侧面推上海滩，这一移动就叫沿岸输沙，可以形成狭长的沙嘴。沙嘴涨潮时可能会被潮水淹没，然后退潮时再次显露出来。科德角附近的沙嘴就是沿岸输沙形成的。

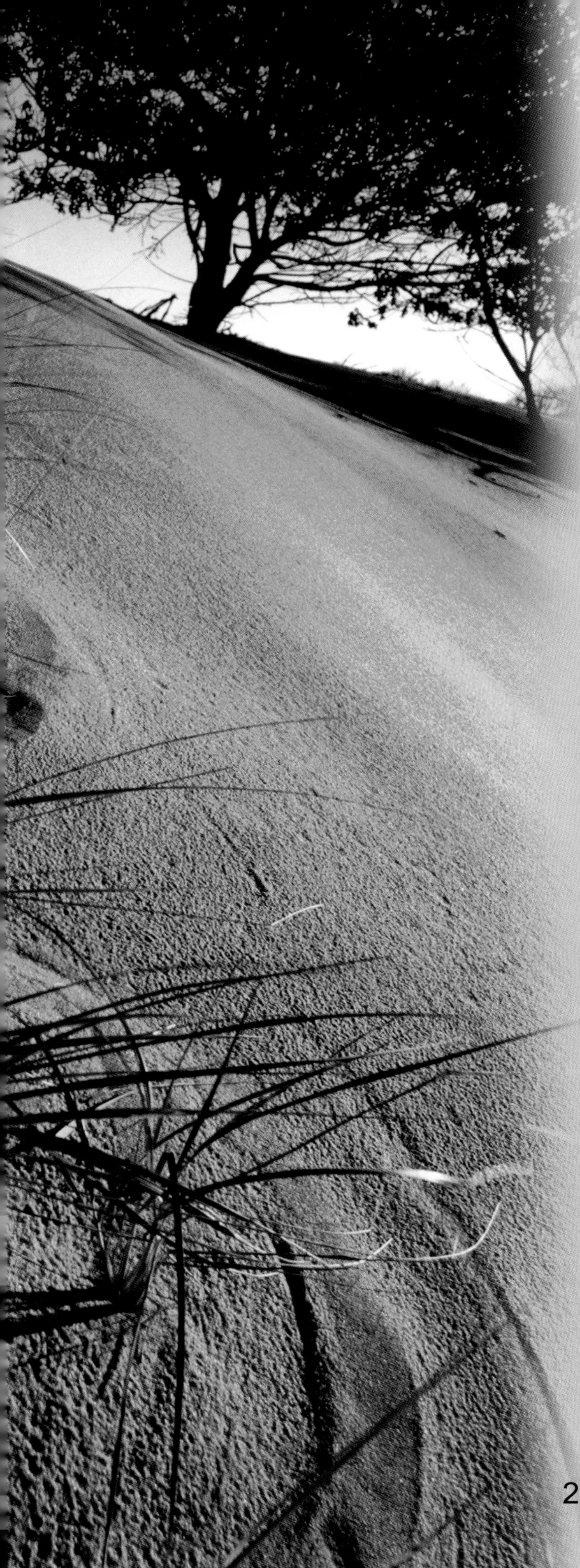

风吹起潮间带的沙子，在科德角形成了大沙丘。
有些沙丘高达 100 英尺（约 30 米）。

北科德角是一片广阔的海滩，历经上千年堆积形成。海洋侵蚀着南科德角上柔软的悬崖，侵蚀下来的物质倾倒在岸边，通过沿岸输沙使它向北推动。随着时间推移，形成一条长长的蜿蜒的沙嘴。随着沙滩的增长，离海比较远的地方就变成了草地。接着，灌木和树木开始在沙嘴上生长。渐渐地，海洋造出了新的土地。风暴有时会把这块土地带走一部分，但沿岸输沙会让它再长回来。

回到沙滩上，你看到大风夹裹的干砂形成了大沙丘。曾经，这些沙丘上都长满了橡树和山毛榉林，但早期的欧洲殖民者砍掉了树木。土壤被风吹走，只留下了沙子。过去 40 年，人们在这里种植了沙丘草，它们可以固定沙地，让树木重新生长。

在沙滩再下面一点的地方，你踩到了一条海滨线。它是涨潮时海浪倾倒在海滨上的杂物形成的长长的杂物堆。你走向海洋，被海水浸湿的沙子变得结实很多。当靠近水边，会发现很多细小的洞穴，里面藏着海洋蠕虫和贝类。潮湿的沙子看起来毫不起眼，但显然充满了生机。

# 隐藏的宝藏

科德角公园当局正在海滩上做一些野生动物的调查，你得到了一个帮忙的机会。作为该项目的一部分，护海员正在沙滩上取样一小块沙土，以便了解沙土里都埋藏了什么。你已经发现了沙土里有动物埋藏的迹象，现在有机会进一步了解它们都是什么动物了。

护海员在沙滩下面标记出一块方形沙地，面积刚好 39 平方英寸（约 251.6 平方厘米），称为“样方”。通过统计样方里所有生物的种类，就能比较这些样本的生物多样性与世界各地类似沙土样本的区别。

然后你开始在样方里挖掘。你动作必须非常快，否则里面有的动物就可能跑掉。你把沙子倒进装有一点水的盒子里。队里的其他成员用细筛子筛沙子，寻找其中的生物，统计数量。

低潮的时候，鸟蛤就钻进沙子里。等潮水涨起来淹没它们，它们就从水中过滤食物。

硬币形状的沙钱大量生活在沙滩上。它们通常是一半埋进柔软的沙里。

## 低潮生物

你找到那么多动物真令人吃惊，里面有大圆蛤以及许多白色的圆形小蛤叫乌蛤。还有更瘦长、颜色更丰富的樱蛤和几个长管状的蛏子。樱蛤涨潮时用水管从沙面上吸食细小的食物。圆蛤、乌蛤和蛏子则把水吸进壳里，食用在壳里能找到的任何颗粒。蛏子有发达的“脚”，当捕食者靠近的时候，它可以把自己拖进沙里。

## 藏身沙穴

你还在沙里找到一些海洋蠕虫。许多海洋蠕虫住在洞穴里，靠吞食沙子，消化沙里的一切食物来生存。其他的则住在自己用沙砾搭起来的安全地道里。沙里还穴居着海胆的亲戚沙钱。它们在沙里翻爬，搜索可能的食物颗粒。

潮水涌进来的时候，海浪带来了细小的食物，所有动物都能在沙里或水里找到大量食物。当潮水褪去的时候，这些动物就守在那里，静静等待潮水回归，就像岩石海岸上的动物一样。

# 泥滩和沼泽

在风浪强劲的海岸边，水中细小的泥沙颗粒无法沉积下来形成海滩，只有颗粒较大的沙砾才能沉积下来。在科德角，沙滩被水道切开，这些水道连接着陆地上平静的水体。潮汐使海水流进和流出那些水体，但那里没有大浪。细小的颗粒太轻，无法在湍急的流水里沉积下来，但是这里的水几乎是静止的，所以泥沙颗粒能够在这里

海洋蠕虫生活在潮滩上的泥水里，世界上有超过 10 000 种海洋蠕虫。

## 野外显微镜

野外显微镜用来在野外使用。它看起来像一头带着镜片的圆筒，包含一个透镜系统，可以将对象放大 200 倍，使你能够看清泥土里所有微小的东西。

沉积。泥沙的沉积听起来不是很有趣，但护海员带你游览了一个安静的海湾之后你会觉得它很美。由于退潮而显露出来的泥滩在阳光下闪闪发光，你看到成百上千的滨鸟在泥滩上逡巡，好像在寻找食物。一开始，你看不到它们在吃什么。等靠近一点观察时，你发现泥浆里有细小的蜗牛在游来游去。护海员给土取了样，查看里面藏着什么动物，结果发现里面满是蛤类和蠕虫。这里的生物比沙滩上多多了，一位护海员取了一份泥浆样本。你在野外显微镜下观察它，发现泥浆样本里充满了死亡动植物的遗体，蠕虫和蛤类就靠吃这些遗体为生。

由于盐沼靠近岸边，潮水特别大或者有大风暴的时候，它们也可能被淹没。

## 盐沼

泥滩的边缘生长着一些疙疙瘩瘩没有叶子的奇怪植物。这些植物的茎里含有大量淡水，这帮助它们在每天两次涨潮时能在被海水淹没的地方生存下来。

海岸再往远一点的地方，泥滩被可以在海水里生存的坚韧草被、莎草和其他植物所覆盖，这些植物形成了盐沼。盐沼是介于陆地和海洋之间的湿地，生活着水鸟、螃蟹和其他动物。

# 加油站

护海员不仅想取样生活在泥滩里的动物，还想研究一下捕食这些动物的滨鸟。他们带来了一台可以向正在进食的鸟群发射捕鸟网的机器，这样就能近距离观察这些鸟了。

护海员设置捕鸟网时，你在观察鸟儿们进食。你注意到，有些鸟的腿比其他的鸟要长。这些鸟通常在水里走来走去，而不是在淤泥上。

有些鸟的喙短而粗，它们从泥地表面啄取食物；其他的鸟则有比较长的喙，可以扎

中杓鹬喜欢吃穴居蟹。它们会小心避开太松软的泥浆，因为在松软的泥浆中行走比较困难。

在进食期，燕鸥会在水面上方盘旋。如果看到海浪下面有小鱼，它们会俯冲下去抓起鱼，然后吞下去。

进泥土捕捉食物。你看到一只有着细长而弯曲的喙的鸟儿将一条虫子从洞里拉出来吞下去。一名护海员告诉你，那是杓鹬。几只涉水鸟正在水面上捕食。离海岸不远的地方，一群尾巴分叉的白色水鸟正冲进较深的水里捉鱼，它们是燕鸥。

每种鸟都有不同的捕食习性，吃不同种类的动物。这意味着，在同一片泥滩上大量捕食的鸟类不会没有东西吃。

## 北极来客

泥滩上有大量的鸟类在捕食，所以撒网之后护海员捉到了很多鸟。这不会伤害鸟类，但是可以帮助护海员更多地了解它们。有些鸟腿上有金属环，护海员会查看上面的文字。这可以帮助他们得知这些鸟是在哪里被套上金属环的，还有它们来自哪里。

事实证明，很多带着金属环的鸟是从加拿大北部飞过来的，它们在那里度过了春天。现在已经是夏末，这些鸟儿正在向南方迁徙。它们将飞越数千英里的距离，一路飞到南美，在那里过冬。科德角位于它们旅程的中点，所以它们在这里停下来休息进食。

肥沃的泥滩和盐沼为鸟类提供了充足的食物作为燃料，帮助它们完成漫长的迁徙之旅。春天回程的时候，它们会再次在这里停留。那时，它们将再飞回加拿大北极地带。

# 海草场

生长在盐沼的植物必须能够在海水淹没的环境中生存。他们每天至少有部分时间是暴露在空气中的。而有一类开花的植物却几乎可以长期生活在水下。它们就是海草。

你受邀加入了一群研究海草床的学生。他们研究的海草生长在一个加勒比海岛的浅海水域。那里距离科德角很远，但你却有一个特别的理由要进行一次南行之旅。

在加勒比，很多海草床生长在背风海湾和潟湖的白色珊瑚沙上。海草粗壮的根系可以在风暴来临时将沙子固定在原地。它们狭长的叶子则为各种各样动物提供了栖身之地，包括海胆、海星、螃蟹、龙虾以及海马这样的鱼类。

这些生物多数以捕食其他动物为生，但其中两种最大的生物——绿海龟和海牛则以海草为生。海牛看起来像是会游泳的猪，它

们缓慢地移动，啃食包括海草在内多汁的植物根部。

## 水下素食者

到达后不久，你就有机会去观看海牛在清澈的浅水中吃草。它们用宽宽的口鼻翻拱沙子寻找海草根。每过几分钟，就有一只海牛浮出水面，大声地呼吸一口空气。它们浮出水面后，你可以看到它们小小的眼睛和敏感的须。海牛的视觉不好，所以主要靠触觉和味觉辨别方向。一只海牛游到你这边来打探虚实。当它觉得你没有危险时，就又回去继续吃草了。这种很神奇的体验让你觉得很高兴来过加勒比海。

### 濒危的海牛

人类的捕杀、海洋污染和自然栖息地遭到破坏对海牛影响巨大。海牛经常被机动船撞上，被船只锋利的螺旋桨割伤。生活在佛罗里达州海岸的海牛现在已经濒临灭绝。它们现在主要生活在国家野生动物园里，因为在那里它们的自然栖息地可以受到精心保护。

海草是许多海洋动物的一种重要食物来源，包括海牛。

# 海龟之家

和学生们在一起的时候，你看到了很多绿海龟在吃海草。学生们计划去南美海岸上一个主要的海龟繁殖海滩去探险，你也很兴奋地一起去了。

那片海滩在苏里南的一个野生海岸上，远离最近的城镇。雌龟在海里跟雄龟交配，然后来到海岸上，将卵产在岸边的沙里。产卵的地点必须经过精心挑选才行，沙子和潮汐的条件都要恰到好处。每一只雌龟都会再回到它出生的地方产卵。海龟可能会在同一片沙滩上繁衍数千年。

这只雌性绿海龟已经找到了产卵的好地方。她会用脚蹼在柔软的沙滩上挖坑，然后产大约 100 枚卵。

## 夜间来客

你到达的时候，繁殖季节临近结束。这让你有机会既看到海龟产卵又看到海龟孵蛋。你在靠近海滩的地方支起了帐篷，等待夜幕降临。

天空渐渐变暗，你看到一只大的雌海龟踏着浪爬上海岸。它几乎在海里生活了一辈子，所以花了很长时间才把自己拖到了最高潮上方的飞溅区。你看着它用脚蹼在沙地上挖了一个坑，然后产了大约 100 枚卵。用沙子把卵盖上后，它又返回了大海。这整个过程花了大半夜的时间。

与此同时，跑来跑去的沙蟹让海滩充满了生机。它们正在搜寻被海水冲上岸的食物，但它们只喜欢活食。大雌海龟下蛋的时候，沙滩上其他窝里已经有小海龟孵出来。它们是沙蟹很容易捕获的猎物。

小海龟爬出沙坑，急急忙忙往海边赶去。然而它们之中只有很少一部分能爬到海里。很多小海龟被沙蟹抓住了，更多的则被黎明时飞到沙滩的海鸟捕捉了。但是，仍有一部分能够存活下来，长大后又回到同一片沙滩产卵。

沙蟹大部分时间都生活在沙丘下，
靠鳃呼吸。

# 红树沼泽

海龟之家靠近一片宁静的海岸，大海在那里倾倒了厚厚的淤泥。在凉爽的新英格兰，这样泥泞的海岸会变成你在科德角附近看到的那种盐沼。但是在热带，它却变成了一片红树沼泽。红树植物是指可以在潮汐泥滩里生长的树木和灌木。红树植物可以形成茂密的森林，就像在高空看到的热带雨林一样。但是，等你真正开始探索它时，就会发现它们大不相同。

## 聪明的树木

首先，你需要一条船才能去探索红树林。涨潮的时候，树林大部分都被海水淹没，树木看起来就像是直接从海里长出来似的。等潮水退去后，景象变得更加奇特。有些树的树干上突出一些奇怪的根伸入泥滩里。另一些地方，泥滩上则布满尖刺和疙瘩。

向泥里挖去，你发现它散发出浓烈的臭鸡蛋味。真恶心！泥沼里面都是水，没有空气，盐分也很高。所有的植物都需要通过根吸收空气和水分。所以，令人吃惊的是这些树居然可以在这里生长。有些红树植物靠盘结的根从泥沼上面吸收空气。其他红树植物则靠在根部长着的尖刺和疙瘩，它们可以起到同样的作用。

红树植物的幼苗只能在水面平静的缓坡上生长。

红树植物盘根错节的根部给很多动物提供了避风港。在那里它们可以免受天敌的侵害。

由于红树植物的根浸泡在海水里，它们会吸收过量的盐分。盐分在这些植物的树叶上形成白色的结晶。你摘下一片叶子舔了舔，叶子尝起来就像你家里放入盐的食物一样。红树通过树叶排掉多余的盐分。

你很好奇这些树木是怎么长大的，因为看起来它们的种子好像不可能在潮汐泥滩里发芽。然而举目四望，你却看到了小树苗。你向上看了看，上面有幼小的植物从固定在树枝上的种子中发出芽来。它们从树上脱落，随水漂走，然后在别的地方开始生长。

# 红树生物

红鹮身上鲜艳的颜色来自它们吃下去的小动物身上的化学物质。

探索红树沼泽并不令人愉快。你被成群的蚊子包围叮咬，蜘蛛似乎布下了天罗地网，红树植物的枝条上爬满了蚂蚁，但这些小动物却给蜥蜴和小型鸟类提供了食物。蜥蜴和鸟类则吸引了蛇和老鹰这样的天敌。

你在涨潮时划着船穿过红树林，看到树上栖息着一群耀眼的红鹮。在另一棵树上，巨大的果蝠们倒吊在树枝上，好像一把把没叠好的雨伞。

水里也充满了生机。采集样本的时候，你仔细观察了一番，发现水里到处都是小鱼，有些是生活在这里的鱼类，有些则是海洋鱼类的幼苗，比如马林鱼。盘根错节的红树植物的根部保护了它们，使它们不会被大一些的鱼类吃掉，等它们长到足够大了，就会游到开阔的大海里。红树林在许多珊瑚鱼长大过程中为它们提供了保护。

## 招潮蟹

潮水流走之后，招潮蟹在泥滩里活跃起来。大多数螃蟹生活在水下，用鳃从水里呼吸氧气。招潮蟹和沙蟹必须保持鳃的湿润才能呼吸，所以它们必须时不时回到水里。在其他时间，它们可以在泥滩和沙滩上觅食。

雄性招潮蟹有一只颜色鲜艳的大螯，用来搏斗和向雌性炫耀，它的其他胸足用来从泥土里翻找细小的食物。雌性招潮蟹用两只螯抓取食物，这样它就可以用双倍的速度进食。无论白天还是晚上，招潮蟹只在退潮后泥滩露出水面时进食。

天黑之后，你回到了红树林。那里，成百上千的螃蟹正在泥滩里进食。你听到有大型动物在树林里移动，树林感觉很怪异，所以你决定打道回府。

### 会爬树的鱼

有一种叫弹涂鱼（mudskippers）的奇怪小鱼生活在热带太平洋和印度洋的红树沼泽里。弹涂鱼可以像招潮蟹一样在水上生活。它们用鳍在泥地上跳来跳去，甚至还能爬树。

# 繁衍的沙滩

探索了苏里南的红树沼泽后，你飞到南美南部，那里现在是夏天。你动身前往南部海狮繁衍的海滩。

海豹、海狮、鲸鱼和海豚都是呼吸空气的哺乳动物，跟我们人类一样。但是，鲸鱼和海豚从不离开大海，海豹和海狮则会回到岸上交配产崽。这些动物需要安静的潮汐海岸。

到达阿根廷瓦尔德斯半岛后，你发现多石的海滩上有成千上万的海豹和海狮。许多雌性海狮已经产下幼崽，正在用丰富的乳汁喂养它们。海狮一点也不怕你和向导，你甚至可以在它们之间走来走去拍照。

你不是唯一一位造访海狮海滩的游客，那里还有许多被称为巨型海燕的海鸟。它们靠海狮幼崽的尸体和地上其他食物为生。海

海狮的聚居地可能会非常拥挤。每一只强壮的雄性海狮掌管几只雌性海狮。如果有另一只雄性海狮想争夺控制权，可能就会爆发一场战斗。

狮繁衍的海滩为觅食者提供了丰富的食物，比如巨型海燕和狐狸。

## 海滩大战

雌性海狮照顾幼崽时，体型大得多的雄性海狮则在考虑其他事。他们在互相竞争，争取跟生完幼崽的雌性海狮交配。你刚要拍摄一张精彩的小海狮照片，旁边就爆发了一场战斗。两只敌对的海狮面对面站立起来，咆哮着想咬住对方。胜负很快就见分晓，其中一只海狮获胜。你向后站了站，看到另一只海狮转身蹒跚地离开，伤口流着血。就在你刚要离开时，它差点压到了一只小海狮。

你刚看过的巨型海燕啄食一只已死的小海狮，它可能就是这样被压死的。似乎海狮就是它们自己最大的敌人。接下来你看到了一只比最大的海狮还要庞大得多的动物。

# 逆戟鲸来袭

在海岸更远一点的地方，几只海狮正在距鹅卵石海滩不远的浅水里游来游去。你的向导带你来这里看另一种海洋哺乳动物。它通常待在离岸很远的深海里，现在却因为一个原因来到了浅水区，甚至海滩上。这非常令人吃惊，因为它体形大如卡车，体重有30头雄性海狮那么重。它就是逆戟鲸，也叫虎鲸。

逆戟鲸捕食在海里游弋的海狮。在这里——瓦尔德斯半岛，它们学会了在潮间带捕捉猎物。逆戟鲸在夏末时最活跃，因为那时小海狮已经长大可以去海里游泳了，但是有一头逆戟鲸现在就已经开始捕猎了。

你坐在离海水很远的鹅卵石上观望。海狮们似乎玩得正尽兴，它们又是游泳、又是跳水，拍打着海浪，就像加勒比海滩上度周末的游客，非常有趣的一幅场景。一个小时后，你开始觉得有点无聊，这时你的向导拽了拽你的胳膊，你转而去观看鸟儿。

## 致命巨兽

蓝色的海水里，一只高高竖起的黑色背

逆戟鲸冒着搁浅的危险在潮间带攻击海狮。

鳍正在向海滩移动，是一头逆戟鲸！它轻轻地转身，向海狮们游去。海狮们察觉了它，纷纷向海滩游去，但是已经太晚了。

逆戟鲸向前逼进，推动海水形成一道大浪。它用牙齿咬住了一头海狮。

那条海狮挣扎着想要逃走，但这时的它看上去非常渺小。巨大的逆戟鲸把海狮甩到沙滩上，直到它不能动弹。同时，逆戟鲸也困在了沙滩上，它必须扭动拍打巨大的身躯才能回到水里，最终逆戟鲸游回了海洋里。

## 搁浅的鲸鱼

各种各样的鲸鱼经常会因为意外搁浅在沙滩上。没有人知道为什么。搁浅的鲸鱼在海滩上活不了多久。如果不能回到海里，它就会死去。没有水支撑它的重量，它的肺就会被压垮。死亡之后，它会成为很多食腐动物的美餐，从螃蟹到海鸟，甚至熊和狼。

# 任务报告

你的潮间带探险之旅带你游览了大西洋的整个西部海岸。你从新斯科舍省寒冷的港口出发，前往加利福尼亚州岩石嶙峋的海岸和加勒比海的热带沙滩，接着又来到了阿根廷寒冷的南岸。你看到了各种各样的动物和它们的栖息地，但是有些东西却一直没有变化。

你参观过的每一个海岸上，涨潮和退潮都在陆地与海洋之间形成了不断移动的边界。这个区域饵料丰富，这些饵料是由海水从海洋挟裹到陆地上。但是能够享用这些食物的动物是有限的，因为潮间带的生活太艰难了。动物们必须要抵御住狂暴的海浪、翻滚的岩石、流动的沙子以及每天两次把它们搁浅在沙滩上的潮汐。

尽管如此，还是有些动物可以在这里生存。因为食物丰富，所以它们数量庞大。一个岩石突兀的岬角上可能就有数以百万计的藤壶，而一块泥泞的海滩则可能隐藏着几十亿的海洋蠕虫。总而言之，潮间带是海洋物产最丰富的区域之一。

这些色彩缤纷的海星和海葵生活在加州海滩的潮间带。

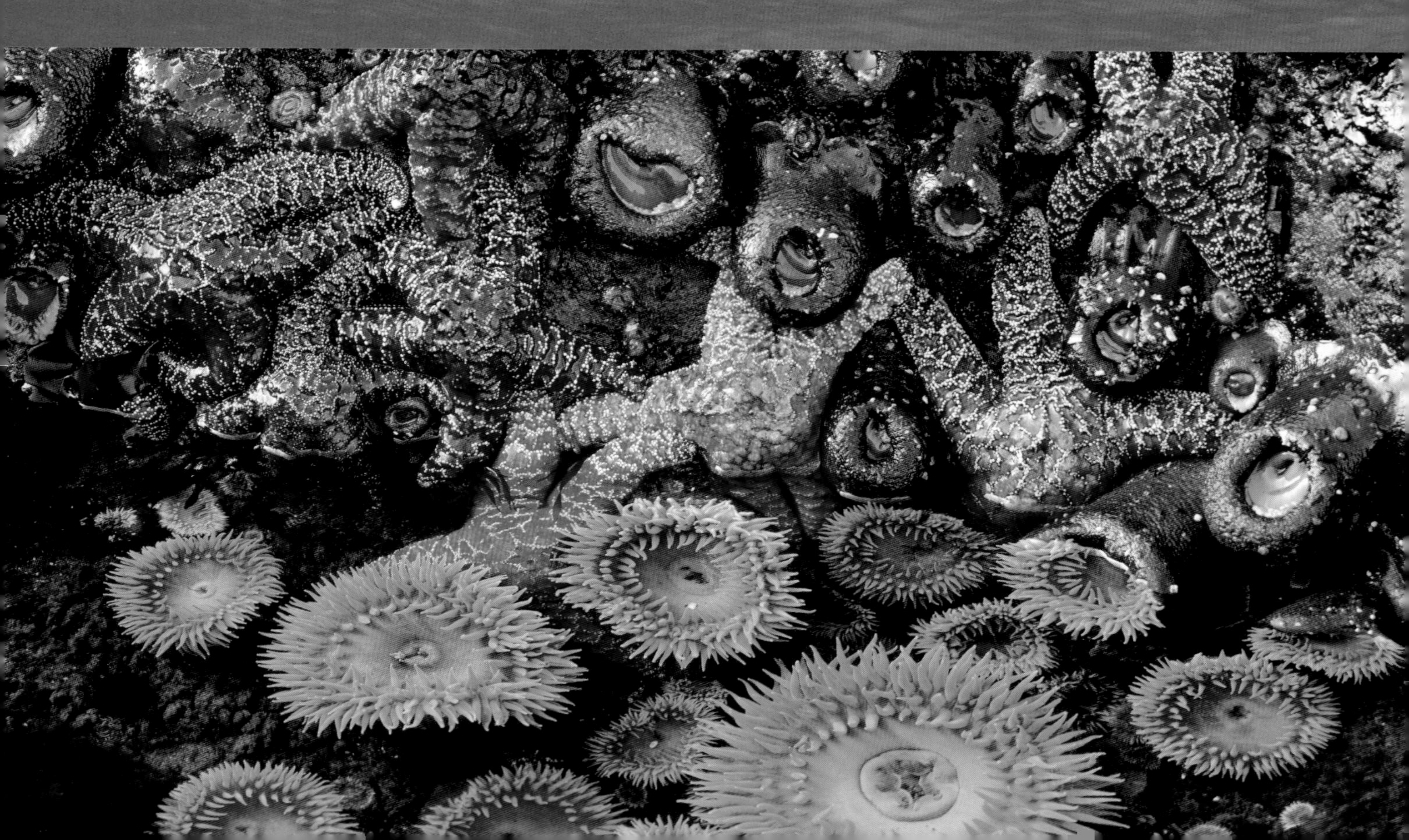